STEM 教育丛书

Minecraft:游戏中的创客

陈 华 编著

北京航空航天大学出版社

内 容 简 介

　　本书旨在利用 Minecraft(中文名《我的世界》)这一款高自由度、富有创造性的沙盒游戏进行创新教学实践。书中以 17 个教学案例来启发师生如何利用游戏学习，用游戏化的方式体验寓教于乐的学习环境，并结合时下流行的"创客"理念，培养学生在沙盒游戏中进行 3D 设计并尝试 3D 打印，而且利用 Minecraft"编程一小时"活动培养学生的程序设计和逻辑能力。希望通过学习本书，能够改变师生、家长对电子游戏的看法，在数字化时代善于利用数字产物进行学习和创新。

　　本书可供对 Minecraft 感兴趣的师生、家长使用。

图书在版编目(CIP)数据

　　Minecraft：游戏中的创客 / 陈华编著. -- 北京 ：
北京航空航天大学出版社，2017.7

　　ISBN 978 - 7 - 5124 - 2466 - 1

　　Ⅰ．①M… Ⅱ．① 陈… Ⅲ．①电子游戏－基本知识
Ⅳ．①G898.3

　　中国版本图书馆 CIP 数据核字(2017)第 162247 号

Minecraft：游戏中的创客

陈 华 编著

责任编辑 周华玲

*

北京航空航天大学出版社出版发行

北京市海淀区学院路 37 号(邮编 100191)　http://www.buaapress.com.cn
发行部电话：(010)82317024　传真：(010)82328026
读者信箱：emsbook@buaacm.com.cn　邮购电话：(010)82316936
北京艺堂印刷有限公司印装　各地书店经销

*

开本：710×1 000　1/16　印张：6.5　字数：139 千字
2017 年 8 月第 1 版　2017 年 8 月第 1 次印刷　印数：2 000 册
ISBN 978 - 7 - 5124 - 2466 - 1　定价：29.00 元

《STEM 教育丛书》编委会

丛书序

自 20 世纪 80 年代美国国家科学基金会提出 STEM(Science、Technology、Engineering、Mathematic)教育理念以来，STEM 教育的重要性已经被政治、经济和教育等领域广泛接受。在经济全球化的今天，STEM 教育的实施同样关乎我国高素质人才的培养。从 STEM 到 STEAM，再到 STEM＋X，STEM 教育的内涵越来越丰富，它囊括了人文、艺术、科学、创造等，成为包容性更强的跨学科综合教育。

最初听说 STEM 教育缘于我早期参与了几本乐高机器人教材的编写和对 FIRST 赛事的关注，直到 2013 年 8 月和猫友们参加了温州举办的第一届中小学 STEAM 教育创新论坛（现已更名为全国中小学 STEAM 教育大会）。首届论坛以 "Scratch 教学流派和创新应用"为主题，交流 Scratch 在全国各地的实施经验，探讨 STEAM 教育的模式、课程和支持方案，我也获邀在技术沙龙环节分享。也就是 2013 年，STEM 教育真正开始了在国内的发展。

2014 年，国内的 STEM 教育有了飞速的发展，不再只单纯关注国外（特别是美国）STEM 教育的实施情况，越来越多的研究者将目光转向了 STEM 教育应用模式、教学设计和教学环境的研究，以期对我国的 STEM 教育理念应用工作有所借鉴，致力于探索符合我国国情和教育现状的 STEM 教育之路。技术层面上关注新兴技术理念与 STEM 教育的结合，比如与 Scratch 编程工具、3D 打印等；理念层面上关注创客教育与 STEM 教育的结合，比如通过创客教育推动跨学科知识融合的 STEM 教育或构建面向 STEM 教育的创客教育模式。2014 年 10 月，在上海创客嘉年华的舞台上我和谢作如、吴俊杰、管雪沨探讨了"创客文化和 STEM 课程建设"。

2015 年 9 月 3 日，教育部办公厅在《关于"十三五"期间全面深入推进教育信息化工作的指导意见（征求意见稿）》中首提 STEM 教育，有效利用信息技术推进"众创空间"建设，探索 STEAM 教育、创客教育等新教育模式。2016 年初，教育部正式印发《教育信息化"十三五"规划》的通知，指出有条件的地区要积极探索信息技术在众创空间、跨学科学习（STEAM 教育）、创客教育等新的教育模式中的应用。K12 版的

《2015 年地平线报告》也指出，STEM 学习是未来 1～3 年驱动 K12 教育技术的趋势之一，STEM 强调跨学科的学习环境将逐渐打破传统的科学教育界限。

近日，国家教育部出台的《义务教育小学科学课程标准》新增了技术（T）与工程（E）内容，明确了 STEM 教育中的"T"和"E"的重要性。技术与工程领域的学习可以使学生有机会综合所学的各方面知识，体验科学技术对个人生活和社会发展的影响；技术与工程实践活动可以使学生体会到"做"的成功和乐趣，并养成通过"动手做"解决问题的习惯；有了倡导探究式学习和学习评价方式的变化，给出了与数学、语文和综合实践活动等其他学科融合的建议，倡导跨学科学习方式。在跨学科学习方式的叙述中首次定义了中国版的 STEM 教育：科学（Science）、技术（Technology）、工程（Engineering）与数学（Mathematics）即 STEM，是一种以项目学习、问题解决为导向的课程组织方式，它将科学、技术、工程、数学有机地融为一体，有利于学生创新能力的培养。

学校被要求从 2017 年秋季起执行新科学课标，与国外先进的 STEM 教育理念几乎完全接轨——不止强调对科学知识本身的学习，更注重孩子综合运用各种知识、解决实际问题的能力。新课标的出现一定会不断地提升我国的科学教育的水平，在科学素养的培养上势必越来越完善。

在国外，STEM 教育已具有比较完善的课程项目体系、社会公共教育服务以及以 STEM 学校为主体构建的人才培养模式。例如，美国项目引路机构（PLTW）致力于为 K12 学生提供严谨且具有创新性的 STEM 课程，鼓励学生参与基于活动、基于项目和基于问题解决的学习。面对 STEM 教育浪潮下的新一轮改革序幕，我国科学教育教材的发展也要符合国际先进科学教育理念，要与时俱进，符合具备科学素养的创新人才培养需求。

我国的 STEM 教育目前空白太多，需要更多人乃至全社会的共同努力。

丛书编委会　李梦军

2017 年 7 月

他　序

　　将游戏和教育放在一起，是一个非常有趣的话题。这两者的恩恩怨怨，几乎见证了过去几十年科技发展对人类社会的所有重大影响。曾几何时，电子游戏和在校教育是水火不容的两个事物。一方面，年轻学子们对越来越先进真实的游戏体验趋之若鹜，陶然于其中而乐不思蜀；另一方面，很多家长和老师却因传统观念中游戏所代表的娱乐性，而将其视为导致学生不务正业的重要因素，务必除之而后快。

　　其实，如果从发展的眼光看问题，这两种观念都有其存在的社会必然性，只不过随着近年来科学技术的突飞猛进，万物互联时代的即将来临，人工智能、虚拟/增强现实等最新科技的不断普及，必然会造成人类的生活方式，尤其是年轻一代获取知识的方式的巨大改变。其中一个很大的变化，就是现实世界与虚拟世界的界限日渐模糊。而电子游戏，恰恰充当了实现这一变化的急先锋。如果去体验一下最近热卖的几款游戏大作，不难觉察出这种端倪，您应该可以感受到作为一个真实个体的"自我"，是如何在虚拟的电子游戏世界里保持角色和场景的真实性的。这也就是为什么像微软、IBM这样的高科技企业，都不约而同地开始利用电子游戏的平台，做远超出游戏本身的尝试，比如进行人工智能算法的训练、市场营销战略的预演、企业员工的培训，等等。这还不包括已经成熟的游戏跨界应用，比如在军事、医疗和教育领域的应用。当然，其中就有本书的主角：《我的世界》与课堂教育的相得益彰。

　　对《我的世界》熟悉的读者，尤其是了解《我的世界》游戏模组（MOD）的读者，大概是不会惊讶于《我的世界》在课堂教学中的应用了。它的功能与应用已远远超出了传统游戏的范畴，也突破了所谓"严肃游戏"的定义。它在游戏娱乐的原始定位上，不仅增强了知识传播的扩展性，还强调发挥使用者的创造天赋。在2014年《我的世界》加入微软大家庭以后，它越来越多地出现在教育创新的舞台上。微软在今年又发布了《我的世界》教育版，专门为老师和学生提供了一个教育与游戏相结合的全新平台。《我的世界》，恰如它的名字，可以让学生或老师生动、活泼地创造出各种现实生活和学习的场景。无论是演绎一段罗马帝国兴衰史，或者介绍中国地理的成因，还是讲解化学元素的相互关系，或者干脆学习写一段代码在《我的世界》里遥控现实世界中的一盏灯、一台风扇，它都游刃有余。当然，要想让《我的世界》充当起这么有趣、精彩的角色，离不开优秀老师的开发和指导。

基于此,我非常高兴地看到陈老师在百忙之中,能够为师生贡献出这么一本新时期电子游戏与课堂教学相结合的诚心之作。在这"大众创业、万众创新"的时代,在这人类科技发展即将进入"奇点"的时代,国家的发展急需现代化的人才。而现代化的人才培养,需要现代化的内容和手段。希望您手中捧着的这本书,能够为您的教育和学习开创一个新的思路。同时也希望能有更多的有识之士,加入到这个行列里来。

值此初秋时节,是为序。

微软(中国)有限公司　首席技术官

韦　青

2016 年 9 月

自　序

　　Minecraft 是一款风靡全球的沙盒游戏，学习者进入游戏就成为一个造物者，每一个方块都成为他们手中的法宝……可以搭建小房子、宫殿、电梯，甚至虚拟 3D 打印机。一个学期的教学实践，让我觉得将这款游戏带入课堂教学是可行的，经过半年的艰苦整理，终成此书。

　　致教师　很开心大家选择了这本书作为教学工具，在创客教育（一种强调动手、创新创作的素质教育）的热潮中，很多中小学教师困惑于如何选择教学工具，逐步地降低创作的门槛，将程序设计教学变成积木化图形搭建的 Scratch，让 3D 建模变成简单的鼠标键盘推拉拖拽的 123D design 和 3D builder，让结构件变成可自由组合的积木和 Makeblock 等，这些都受到了大家的欢迎。但是，如何去激发学生的创作热情，如何保持他们的创作激情和成就感，如何从游戏中学习，都值得教育工作者去深入思考。游戏的实时反馈、沉浸式环境往往让游戏者沉迷于虚拟任务的完成中而无法自拔，为什么我们不能借鉴游戏设计的特性去反思我们的现场教学呢？Minecraft 游戏似乎给我们提供了这种可能，利用游戏元素去学习 STEM（科学、技术、工程、数学）知识，利用游戏的自由度高和对学生的吸引力去鼓励学生探索、创作，做一个游戏中的创客。

　　致读者　游戏自古以来都是我们生活生产中的一部分，这种在给定规则下的自由竞争，鼓励玩家突破自己，比如利用 Minecraft 复原一个圆明园宫殿，玩家需要去查阅圆明园的工程图，了解建筑文化，需要掌握基本搭建技巧及比例关系等。当然，血腥暴力的游戏是不值得推荐的，我们需要培养正确的游戏观，不是为了逃避现实生活，而是为了让我们的现实生活更加有意义。

　　最后，希望这本书能够让教师和学生都能从游戏中体验创作的乐趣，在成为创客的道路上给予大家帮助！

编　者

2017 年 6 月

前 言

尊敬的读者你们好,很高兴大家选择 Minecraft 游戏,选择这本书。

本书面向 Minecraft 玩家以及致力于将 Minecraft 带入中小学课堂的教育同行,在学习这本书之前我希望大家准备好 PC 版本的 Minecraft 游戏软件、开源的 Mineways 软件和 Windows 的 3D builder 软件。

首先,Minecraft 软件可以去官网(www.minecraft.net)购买、注册、下载,也可以下载一些绿化版本(如:Minecraft 中文下载站),如图 1 所示。

图 1　Minecraft 官网

其次,Mineways 是一款将 Minecraft 中的模型导出成可以供 3D 打印的文件格式的开源应用,大家可以到百度中检索"Mineways"进行下载,如图 2 所示。

图 2　Mineways 工具

最后,如果大家在玩 Minecraft 游戏的过程中遇到问题,可以实时到 Minecraft 中文 Wiki(与维基百科词条编辑类似)http://minecraft-zh.gamepedia.com/中去查找资料。

目 录

第1章

初识《我的世界》

欢迎来到《我的世界》,想不想认识新朋友 Steve 呢? 让我们进入这个虚拟的 3D 世界,让 Steve 带领大家参观这个方块王国,并且学会在游戏中变身为农夫、渔民、矿工……尽情享受种植、垂钓、采矿的乐趣吧。

1.1 Steve 的定向越野

Steve 是一个探险家,他被你带到了这个虚拟的世界,没有家园、没有朋友,他需要生存下去。生存的第一步是要熟悉这个虚拟的 3D 环境,找到水源、丛林、草地,等等。

学习目标

(1) 认识 Minecraft,并创建一个生存模式下允许作弊的新世界。

(2) 熟悉游戏界面,熟练操作游戏中的角色。

(3) 熟悉生存环境,能找出水源、山峰、森林、平原,并能用火把做出标记。

跟我学

Part1:进入《我的世界》

如图 1-1 所示,打开《我的世界》→单人游戏→创建新的世界→给世界命名→更多世界的选项→勾选作弊和奖励。详细步骤见图 1-2、图 1-3。

Part2:观看 Mike 的世界

如图 1-4 所示,进入到这个世界中后,我们可以用键盘的 W、S、A、D 四个按键分别控制角色的前后左右行走,连续按两下 W 键后,角色就进入了跑步模式,光标位置(十字)是角色面向的方向。

Mike 面向的是正前方,可以看到他的一只手,然后界面的正下方是 Mike 的血条、饥饿程度以及现在手上所握住的工具。

Part3:换个角度看世界

想不想看看 Steve 的背后呢? 切换一下视角吧,只需要按住键盘上的 F5 键就可

图 1 - 1　进入游戏

图 1 - 2　创建世界(1)

以了。

　　如图 1 - 5 所示,第一人称的视角,我们将会模仿游戏中 Steve 的眼睛所观看到的世界,这样的视角给人感觉非常真实。

　　如图 1 - 6 所示,第三人称的视角能让你看到人物的整个背面,这个视角的好处在于你能知道角色背后发生了什么。

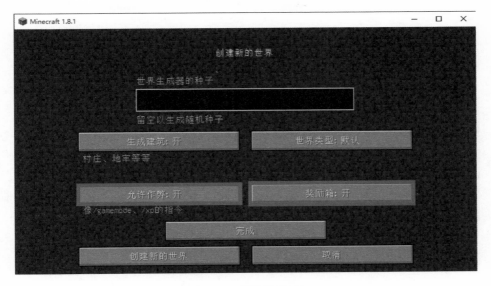

图 1 - 3　创建世界(2)

图 1 - 4　游戏界面

Steve 是金发小人呢！想不想看看他的正脸呢？我们继续按 F5 键。

如图 1 - 7 所示,第三人称的正视视角能让你看到人物的正面,这在更换皮肤之后能让我们更好地观看人物的皮肤效果,但是缺点在于所有的操作全部变成反向的,这种视角只能用来欣赏个人装扮。

图 1 - 5　第一人称的视角

4

图 1 - 6　第三人称的视角

探险之旅

想要生存下去，Steve 需要熟悉周边的环境，来一个定向越野吧！找到水源、森林、高山、平原，并用火把做出标记。

Tips：可以用作弊代码获得火把

例如给 Static 这个游戏者 10 个火把，如图 1 - 8 所示，按住键盘上的 T 键，在对

图 1 - 7　第三人称的正视视角

话框中输入"/give static torch 10"，然后回车。

图 1 - 8　输入代码

接着，如图 1 - 9 所示，这样游戏者是不是手握火把了呢？接下来我们只需要选中一个方块，如图 1 - 10 所示，右击鼠标就是放下火把，这样就完成了第一个定向越野的任务——找到水源。继续完成任务吧！找到树林、山峰、平原……

图 1-9　获得火把

图 1-10　放下火把

收　获

（1）你找到水源、山峰、平原、森林了吗？标记了吗？

（2）越野的过程中你还发现了哪些有趣的东西？动物？危险？

小技巧

探险的过程中你遇到怪物了吗？是否感到害怕呢？没关系，我们只需要将游戏的难度调整为和平就可以了。

如图 1-11 所示，按住 Esc 键→选项→游戏难度调节。

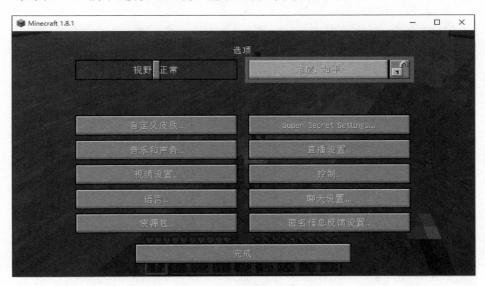

图 1-11 调节游戏难度

1.2 小小渔民

Steve 熟悉了自己的环境，他看到了小河、山坡、平原，还有食物，有小麦、小动物，令他兴奋的是他还可以钓鱼！慢着，鱼竿在哪里呢？

学习目标

（1）掌握合成台的使用，能合成鱼竿、木斧头，并使用这些工具。

（2）掌握合成过程中数量关系的换算，理解钓鱼的过程，以及浮力与拉力。

（3）培养对于垂钓的兴趣，了解 3D 虚拟世界。

跟我学

Part1：基本工具的合成

Steve 肚子饿了，他该从哪里得到食物呢？正好他看见了河流，对了！可以钓鱼来吃，那么鱼竿呢？Come on，用木材和绳子给 Steve 制作一个鱼竿吧。

1. 伐木开始

看到树木了吗？如图 1-12 所示，对着木材一直按住鼠标左键，这样 Steve 就开始伐木了。

图 1 - 12　伐　木

如图 1 - 13 所示，几秒钟之后一个木块就掉下来了，Steve 走过去拾起了木块。

图 1 - 13　获得木块

2. 提高效率

Steve 觉得用手来伐木太累太慢了，他想了想，决定制作斧头（axe）来提高效率。按下键盘上的 E 键，Steve 打开了自己的物品栏，如图 1 - 14 所示，基础合成面板可以显示自己的穿着 A、基本合成区域 B、随身物品 C、手握的工具 D。

图 1 - 14　基础合成面板

试一试：如图 1 - 15 所示，将一个木块拖入合成区域 B，木块变成了什么？

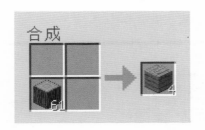

图 1 - 15　合成木板

接着我们合成木棍，如图 1 - 16 所示，将两块木板上下摆放在基础合成台上，就可以合成 4 根木棍了。

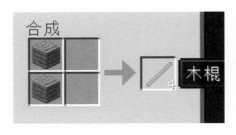

图 1 - 16　合成木棍

木棍和木板可以合成斧头了，但是我们这时候需要一个完整的工作台！

如图1-17、图1-18所示，一个木块可以变成4块木板，接着将4块木板分别拖入合成区域，你就合成了一个完整的工作台，并且获得了游戏成就。

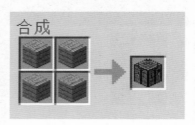

图1-17 合成工作台

图1-18 获得工作台成就

如图1-19所示，将工作台拖到D区域并选中，按住鼠标右键，就放下了一个工作台；对着工作台按住鼠标右键，然后摆放成如下的形状就获得了一个木斧头（wooden_axe），接下来伐木就会快很多！

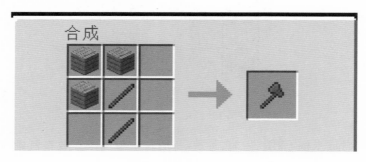

图1-19 合成木斧头

算一算：我们到现在为止一共用了多少木块？

1个木块＝4块木板，2块木板＝4根木棍……所以一个木斧头需要多少个木块呢？合成一个木斧头的材料又能分解成多少根木棍呢？

Part2：代码获得资源，并合成鱼竿

鱼竿（fishing rod），由木棍和绳子（string）合成，但是由于绳子的获得需要杀死蜘蛛（这有一定的难度，而且耗费时间），所以我们给Steve减小难度吧。

输入作弊代码（/give static string 3）来给Steve 3条绳子，然后如图1-20所示，在工作台中摆放出如下的形状就获得了一根鱼竿。

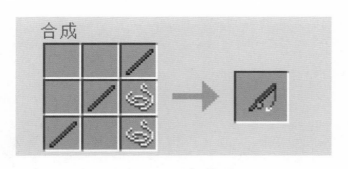

图 1-20　合成鱼竿

开始钓鱼吧

Steve 好不容易获得了鱼竿，他找到一条小溪，右手扔出鱼竿，还真的开始了钓鱼之旅（注意一定要找一个深度大于 2 的水域），可是放下了鱼竿，如何钓鱼呢？

如图 1-21 所示，原来，鱼竿的绳子上系有一个浮起来的立漂，有了这个，鱼钩、绳子就可以垂直在水下，一旦有鱼上钩，立漂就会下沉，Steve 就知道可以收竿了！

图 1-21　钓　鱼

如图 1-22 所示，鱼上钩了，可是想一想立漂为什么能够浮在水面上呢？鱼咬了之后为什么会沉下去呢？

图 1－22　鱼上钩

收　获

（1）你钓到鱼了吗？钓鱼的过程中，怎么才能判断鱼上钩了呢？

（2）想一想钓到鱼了之后 Steve 怎么吃呢？吃生鱼可不好啊。

小技巧

物品越来越多怎么办？我们只需要合成一个储物箱就可以了，将木板摆成如图 1－23 所示的样子。

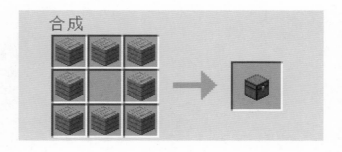

图 1－23　合成箱子

接下来就可以将物品放到箱子中，两个箱子并排摆放容量加倍！如图 1－24 所示。

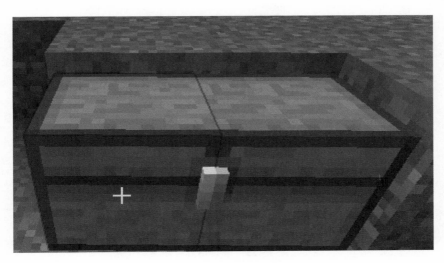

图 1 - 24　加倍容量

1.3　种植小麦吧

13

　　总是吃鱼啊吃鱼，Steve 都快营养不良了，来点绿色食物吧，Steve 想要成为广袤土地上的一个耕农，种植绿色植物，自给自足。

学习目标

　　(1) 学会合成工具，知道如何种植植物(小麦、胡萝卜、甘蔗)。

　　(2) 理解植物生长的条件(光、水分、合适的土壤)，能够合理地规划农田。

　　(3) 对农耕文明的认同，对农民职业的理解。

跟我学

　　Steve 肚子突然饿了，他想，这时候有个香甜的面包就完美了！可是在这片土地上，哪里可以获得面包呢？对了，自给自足，Steve 可以自己种植小麦来制作面包。

Part1：获得种子

　　如图 1 - 25 所示，对着青草点击鼠标左键，有一定的机会掉落小麦种子。

　　种地需要锄头，如图 1 - 26 所示，用木片和木棍来制作一个木锄头吧。合成后的效果如图 1 - 27 所示。Steve 的样子还真像一个农夫呢！

Part2：种植准备

　　有了种子和工具，Steve 开始耕种了。选择一块土地，将光标移至锄头处，右击，这块地就变得蓬松了。那么问题来了，Minecraft 中的土地(沙地、泥地、雪地、岩石)哪一个适合种植小麦呢？Minecraft 已经给予我们答案，快去试试哪些土地是可以被松开的，不能松开的就是不能种植的！

　　想一想，为什么有些土地不适合种植小麦？

14

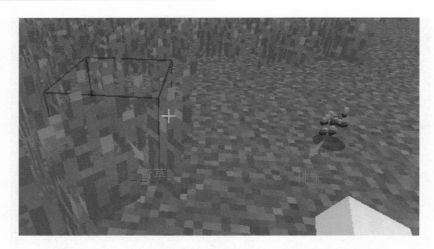

图 1 - 25　获得小麦种子

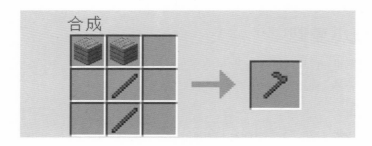

图 1 - 26　合成木锄头

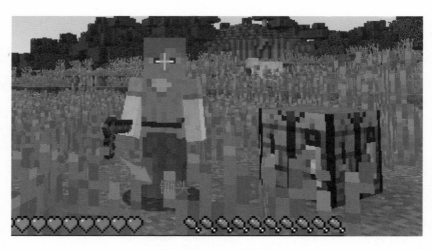

图 1 - 27　Steve 变农夫

Part3：高效种植

小麦长得好慢啊，一天天的几乎看不到变化！Steve 有点心急了，他想知道如何才能让小麦长得更快，但是又不能拔苗助长。要用科学的方法种植。

1. 水量充沛

水在植物生长发育过程中是必不可少的，我们可以将农田开垦在小河边上，或者挖一个小水渠进行灌溉，如图 1-28 所示。

图 1-28　农田灌溉

2. 光照充足

植物通过光合作用可以合成必需的营养，有利于植物生长发育，白天有阳光，到了晚上我们可以利用火把（torch）来照明。

利用代码/give static torch 1 获得一个火把，接着如图 1-29 所示，将火把放置在小麦旁边。

图 1-29　放置火把

开始种植吧

Steve 掌握了种植的技巧，就要开始正式的农耕之旅了。

设计：

一条水渠可以灌溉两边的植物，如何规划我们的农田来更好地利用水源和土地呢？

请在图 1 - 30 中填涂，⊠表示水渠，▢表示小麦田，尽量多种植小麦吧！

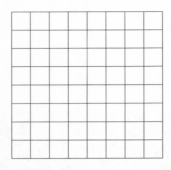

图 1 - 30　农田设计图

doing：

按照自己的设计图去搭建吧，请务必尽可能地完善自己的农田。

收获面包：

如图 1 - 31 所示，当小麦植物长高而且变成黄色的时候，它就成熟了，对着它左击鼠标就可以获得，接着就可以合成面包了。

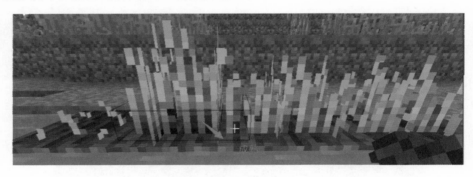

图 1 - 31　小麦成熟

收　获

（1）小麦种子种下去之后发生了哪些变化？

（2）如何保护这些小麦不被破坏？

小技巧

如图 1 - 32 所示，可以利用铁块合成水桶（当然也可以使用代码/give static bucket 1），选择水桶右击河流就可以获得水；接着如图 1 - 33 所示，对着自己挖的水渠右击就可以灌溉。

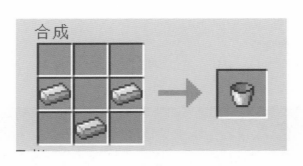

图 1-32　合成水桶

图 1-33　灌溉图

1.4　丰富的矿产

Steve 除了利用肥沃的土地种植小麦、甘蔗外，他又开始了伐木之旅……不过没用多久，木斧头就损坏了，工具的耐久度实在是太低了！那如何才能获得高耐久度的工具呢？石头、铁块、黄金、砖石等高级工具材料值得拥有。

学习目标

（1）学会辨认、寻找矿藏。

（2）学会利用工具挖矿，并能理解 Minecraft 的地质结构，能够自主设计矿洞。

（3）增强学生对矿物质开采和化工的兴趣，以及对于采矿工人的职业认同感。

跟我学

Part1：发现矿产资源

如图 1－34 所示，Steve 走到一座山的脚下，天呐！好多石矿和煤矿，他兴奋得马上就去开采。

图 1－34 发现矿产

可是费了好一会儿工夫，才打掉一块石头，并且什么都没有采到！耗费体力而且没有获得回报，Steve 伤心极了。

原来他没有选对工具，挖矿需要镐！如图 1－35 所示，我们可以利用木片和木棍来合成木镐，这样挖矿就可以开始了！

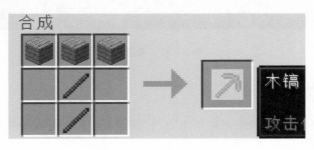

图 1－35 合成木镐

例如 Steve 手握木镐，对着石矿开挖，不一会儿就获得了原石块，有了原石块我们就可以合成石墙、石阶等建筑材料，还可以合成火炉去进行烹饪和锻造！

Part2：认识矿产分布和地质结构的关系

Minecraft 中有石矿、铁矿、煤炭、青金石、金、钻石、红石等矿产资源，但是并不是所有的矿物都在同一地质层，而且不是所有矿石都能用木镐来开采，有的需要铁镐、石镐、黄金镐、砖石镐等工具。

各种矿石样例、分布和可用工具见表1-1所列。

表1-1 矿产分布

名　称	分布（高度）	可用工具
石矿	所有	木镐及以上
煤矿	所有	石镐及以上
铁矿	64以下	石镐及以上
青金石	31以下	铁镐及以上
金矿	32以下	铁镐及以上
钻石矿	16以下	铁镐及以上

开始挖矿吧

（1）利用作弊代码获取材料，比较木块、原石块、黄金块、钻石外观和形态的差异。

（2）选择不同的材料合成不同的镐，用它们分别去挖石块，比较不同镐的耐久度，填写进表1-2中。

表1-2 耐久度比较

镐的类别	单个工具可以开采的原石数量
木	
石	
铁	
黄金	
钻石	

想一想，为什么不同的材料做出来的镐的耐久度不一样？又为什么不是所有的矿石都能用木镐来开采呢？

（3）设计采矿路径。

Steve看到了一个露天矿场，有煤矿、石头，他挖着挖着发现光线越来越暗，他有点害怕了！他想要出去，可是发现已经太深入了，压根出不去了！原来他一开始就没有设计好采矿路径。

如图1-36所示，Steve被困在了矿洞中。所以提醒大家，一定要设计好挖矿路径。

图 1 - 36　被困矿洞

收　获

（1）你挖到了哪些矿石？这些矿石有什么作用？

（2）对于矿工的职业你有了哪些新的认识？

小技巧

（1）如图 1 - 37 所示，我们可以给 Steve 合成一个小帽子，这样 Steve 就更像一个矿工了。

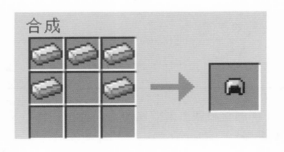

图 1 - 37　合成帽子

如图 1 - 38 所示，Steve 手握木镐，头戴铁盔，是不是很帅？而且自己的防御能力也增加了。

（2）可以利用火把（torch）提供照明，这样在挖矿的过程中就可以有光照了！

图 1 – 38　戴帽子的 Steve

1.5　游牧民的生活

　　Steve 看见周围有很多的小鸡、奶牛、羊,于是他想获得一些牛排、鸡肉、羊排来吃,可是当他拿起了斧子想要去获得一些肉的时候,该怎么操作呢? 又该怎么把这些肉弄熟呢? 另外,该如何才能保持可持续生产呢?

学习目标

　　(1) 学会火炉的合成与使用。

　　(2) 观察动物的生长与繁殖。

　　(3) 能够规划设计动物的饲养圈,计算耗材与面积。

跟我学

Part1：捕猎

　　如图 1 – 39 所示,Steve 看见了一群羊,于是他要开始捕猎了! 如图 1 – 40 所示,选用合适的工具(比如锋利的斧头)去攻击,就可以杀死羊并获得羊肉以及羊毛了。

Part2：熟食才健康

　　生吃羊肉是有可能生病的,Steve 开始思考,怎样才能吃到香喷喷的烤羊排呢?

　　如图 1 – 41 所示,咱们可以先合成一个炉子;然后将柴火和生羊肉放上,如图 1 – 42 所示;如图 1 – 43 所示,右击火炉就可以开始烤羊排了! 这样不一会儿就能有羊排吃了!

图 1 - 39　发现羊群

图 1 - 40　获得羊肉及羊毛

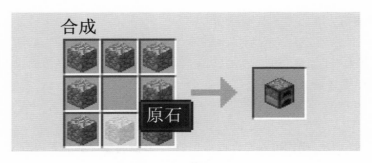

图 1 - 41　合成火炉

图 1 - 42　放置火炉

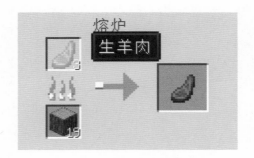

图 1 - 43　制作羊排

Part3：可持续性发展——牧民

直接杀死羊固然可以得到羊肉，但是如果羊群得不到繁衍，数量会越来越少，那下次想要吃羊肉的话就很困难了。所以 Steve 想要自己喂养一些羊。当他手握小麦走到羊身边时，神奇的事情发生了！

如图 1 - 44 所示，羊群完全被吸引了，这时候就可以用小麦喂养了！当给两只羊都喂饱之后，更加神奇的事情发生了。

如图 1 - 45 所示，两只羊很亲密，一会儿一只小羊就诞生了。下面我们接着喂养小羊，仔细观察小羊的生长变化！

开始圈养吧

Steve 知道该如何喂养动物了，但是他发现，一旦手上没有小麦，羊群就散开了，他想了想，应该用栅栏和门将羊群圈起来。

赶紧完成图 1 - 46 和图 1 - 47 的合成任务吧，这样就能得到栅栏和门了。别忘记填写等式哦！

图 1－44　羊群被吸引

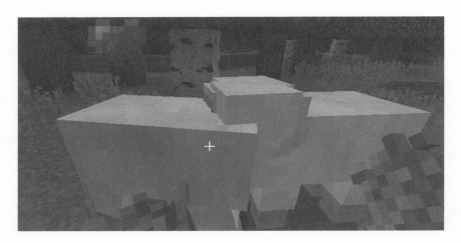

图 1－45　羊群繁殖

4 块木板＋2 根木棒＝3 个栅栏

图 1－46　合成栅栏

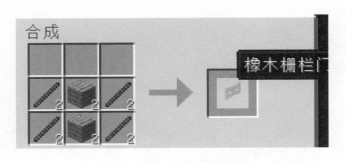

（　）木棒＋（　）木板＝（　）门

图 1 - 47　合成栅栏门

设计：

请在图 1 - 48 中填涂，☒表示栅栏；◻◻表示栅栏门（注意多个栅栏占一格，栅栏门占两格）。

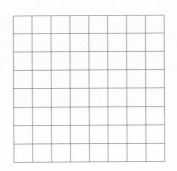

图 1 - 48　设计牧场

计算：

(1) 整个牧场占据的面积有多大？

(2) 你一共用了多少个木块？（1 个木块＝4 块木板＝8 根木棒）

收　获

(1) 自己养育小羊和直接去捕杀哪种方式更有利于可持续发展？

(2) 小羊长大的过程中发生了哪些变化？

小技巧

(1) 可以直接利用代码获得栅栏（fence）、栅栏门（fence_gate）、小麦（wheat），例如：键入/give steve fence 5 就表示给 Steve 5 个栅栏。

(2) 如图 1 - 49 所示，杀死成熟的羊不仅可以获得羊肉，而且我们可以用剪刀剪下羊毛。

图 1 - 49　剪羊毛

（3）羊毛的用途很多,如图 1 - 50 所示,将羊毛和木块放在一起就可以合成一张床,这样每到夜晚 Steve 就可以好好在床上休息了。

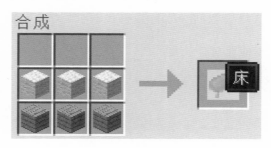

图 1 - 50　合成床

第 **2** 章

Steve 的美好家园

Steve 的垂钓、驯养等技术有没有给同学们带来惊喜呢？其实 Steve 还是一个出色的建筑设计师呢。在这一章里我们会跟随 Steve 一起搭建一个小房子并努力将其装饰得温馨漂亮。大家想不想让自己搭建的房子进入现实世界呢？大家想不想见见真实的 Steve 是什么样子呢？在本章中，我们还可以利用 3D 打印机将 Steve 带进现实来满足你们的好奇心。

2.1　简陋的小家

Steve 学会了制作食物、畜牧、垂钓、合成工具、伐木和采矿这些生存的基本技能之后，他还想要在 3D 世界中安顿下来，他决定盖一栋小房子。

学习目标

（1）理解立体图形的三视图。

（2）通过绘制三视图，能自主设计房子并能对耗材有粗略的估计。

（3）培养与人分享的创造乐趣。

跟我学

Part1：认识立体图形

Minecraft 中大多数材料都是一个小方块，Steve 在平坦的土地上放下一个原石块，他绕着原石块走了一圈，每一个方向（从前往后、从上往下、从左往右）看过去都是一个正方形，而且每一次最多能看到 3 个面，这些面斜着看起来又像是平行四边形。

Steve 这次看到的是立体图形——正方体，它有 6 个面，而且每个面都是正方形，我们可以将立方体绘制到平面纸张上，如图 2-1 所示。

其中实线表示看得到的边，背面就需要大家发挥想象力了哦。

Part2：认识三视图

Steve 看见远处有一座特别宏伟的高山，山顶上有雪，山间有瀑布，山脚下有树林。他高兴极了，立即跑了过去。但是当他走近一看，这个山其实一点都不好看，

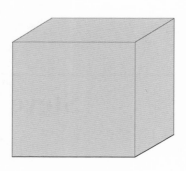

图 2 - 1　正方体

"薄"得可怜,原来他被山的正面给忽悠了!

　　那么如何才能客观地观看到一个立体图形呢? 我们需要从多个角度来观察,例如一个正方体正面、侧面、上面都是正方形,一个球体正面(正视图)、侧面(左视图)、上面(俯视图)都是圆形。

　　请绘制如图 2 - 2 所示的三视图(正、左、上)。

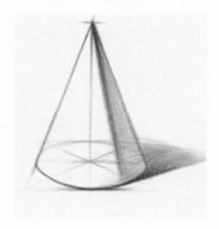

图 2 - 2　示例立体三视图

开始搭建吧

Steve 想了想,要用原石做墙,木板铺地面,玻璃做窗户,用木头制作门。

如图 2 - 3 所示,玻璃可以通过在河边收集沙子,然后放到火炉里面提炼而成;如图 2 - 4 所示,门可以用 6 块木板合成。

设计:

请在图 2 - 5、图 2 - 6、图 2 - 7 中填涂,⊠表示墙;▢表示玻璃;△表示门,将你要搭建的房子的三视图填涂出来。

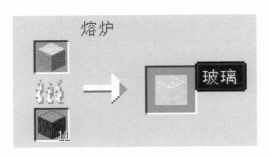

图 2 - 3　合成玻璃

图 2 - 4　合成门

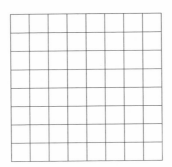

图 2 - 5　正视图

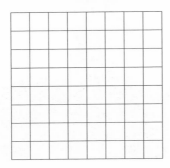

图 2 - 6　俯视图

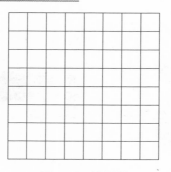

图 2 - 7　侧视图

计算：

（1）预计需要多少沙子？多少木块？多少原石？

（2）整个房子的体积有多大？

我的收获

（1）为什么有的时候我们从正面看起来很大的东西，体积却很小？

（2）搭建立体图形的过程中怎么才能快速地搭建？要讲究怎样的顺序？

小技巧

（1）可以直接利用代码获得玻璃（glass）、木门（wooden_door）等。

（2）进入游戏后选择创造模式（或者输入代码/gamemode 1），角色可以站起来悬空，材料可以全部取得，打掉一个方块只需要左击一下就可以了。

如图 2 - 8 所示，我们连续按下空格按键，Steve 就开始悬空了，按住 Shift 键 Steve 才会掉下来。另外如图 2 - 9 所示，在创造模式按下 E 键，Minecraft 中的工具就可以随时随地取用了！

图 2 - 8　悬空的 Steve

图 2 - 9　创造模式下的原材料(1)

2.2　精致的布局

　　Steve 盖好了自己的小房子，可是房子太简陋了，想想自己原来住的房子，客厅、厨房、书房、小阳台，等等，布局精致，装饰也精巧。Steve 想要做一个室内设计师，将自己的房子装饰一下！

学习目标

（1）学会平面规划、室内装修。

（2）感受不同材质的外观、不同装饰物的使用。

（3）培养与人分享的创造乐趣。

跟我学

Part1：认识 Minecraft 的装饰性方块

　　进入创造模式，按住键盘 E 键打开物品栏，如图 2 - 10 所示，看到 Minecraft 所有的方块都可以在这里找到并取用。

图 2 - 10　创造模式下的原材料(2)

如图 2 - 11 所示，最上面一栏是分类，依次是建筑方块、装饰性方块、红石、交通运输和其他杂项。

图 2 - 11　Minecraft 方块分类

Part2：选择合适的装饰性方块

如图 2 - 12 所示，打开装饰性方块，你会发现各种植物、花草，地毯、火把、相框等。

如图 2 - 13 所示，我们选择白色地毯，右击鼠标就铺在我们房间的地面上了！ 当然，你如果不喜欢这样的地毯，也可以换一下颜色。

Part3：来个书房吧

Steve 是个爱学习的孩子，他平时最喜欢的事情就是读书、赏画。这样一个小家，没有书房他可受不了！

图 2 – 12 装饰性方块

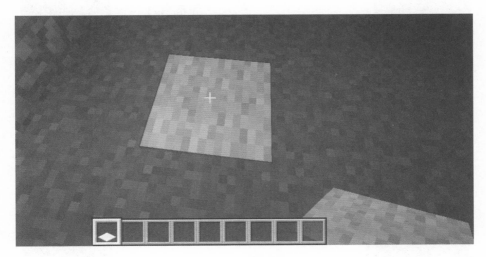

图 2 – 13 铺设地毯

如图 2 – 14 所示,在生存模式(/gamemode 1)下,用书本和木板就可以合成书柜。

另外,Steve 还拥有自己的专属书籍呢! 如图 2 – 15、图 2 – 16 所示,我们可以给书籍写文字,而且还可以签名!

开始搭建吧

Steve 想了想,他需要将房子设计得精致一些,如图 2 – 17 所示,需要重新布局和规划,哪里是卧室,哪里是客厅,哪里是书房,哪里是阳台……

设计:

如图 2 – 18 所示,请在方框中绘制出你心目中的房子平面规划图。

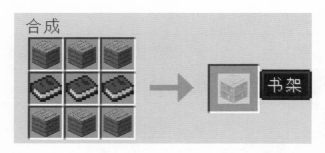

图 2 - 14　合成书架

图 2 - 15　给书籍写文字

图 2-16　签　名

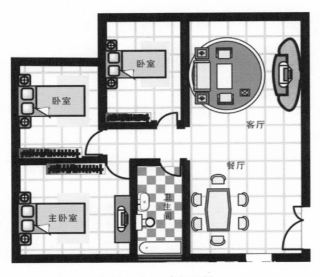

图 2-17　布局示例

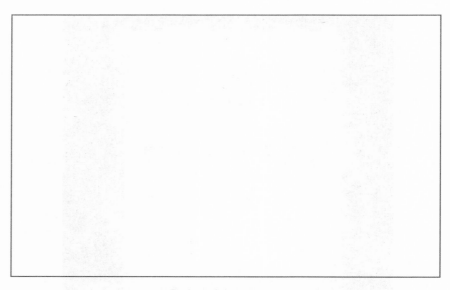

图 2 - 18　平面规划

做好规划后,我们需要细化各个房间的内饰,请将各个房间的大小、内饰填写在表格 2 - 1 中吧。

表 2 - 1　房间规划表

房间名称	面积(格)	内　饰
例:书房	8格	书架、相框等

搭建:

选择合适的建筑材料(原石、木板、石英等)进行搭建。

收　获

(1) 你的房间布局合理吗? 室内设计师的职业感受是什么样的?

(2) 搭建的过程中,从美观的角度要如何选择材料?

小技巧

(1) 选择装饰牌,右击放置,如图 2 - 19 所示,对它编辑文字,例如:Welcome! 那么一个展示牌就做好了。

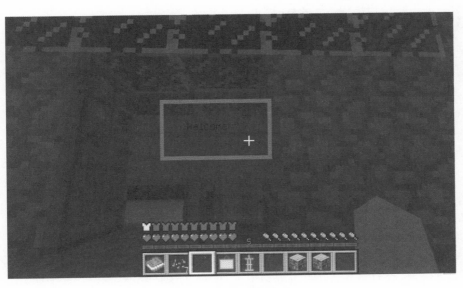

图 2 - 19　设置门牌

（2）如图 2 - 20 所示，我们可以到装饰性方块中选择画框，然后就可以挂在墙上了！

图 2 - 20　壁　画

2.3　打印出来

　　Steve 的房子装修得真是漂亮,他忍不住要与小伙伴们分享。他想将这创意的造型打印出来纪念,这时候 3D 打印机就派上用场了!什么?你竟然还不知道 3D 打印?赶紧学习吧!

学习目标

（1）学会如何将 Minecraft 中的模型导出成 3D 模型。

（2）理解 3D 打印原理,学会简单的 3D Builder 操作。

（3）培养对 3D 设计的兴趣,感受造物的乐趣。

跟我学

Part1：Minecraft 中的 3D 模型

　　Minecraft 是一个仿真的三维立体环境,里面的每一棵树、每一座山都是一个虚拟的 3D 模型,我们一直在计算机屏幕中看 Steve 的生活环境,他所在的平原、住的房子是多么的漂亮。如图 2-21 所示的漂亮的房子,我们可以按住 F5 键切换视图,但是这样的观看总是不够自由,Steve 想要拥有“上帝”视角,360°无死角地观看这个房子。

　　在创造模式下,快速点击两下空格,就可以跳到空中俯视自己的房子。

图 2-21　Steve 的房子

Part2：3D 打印和 3D 打印机

　　这么漂亮的房子一直存在于虚拟的环境中,Steve 很不开心。他想要保存下来,想要将他的房子带到现实中来。对了,我们可以用 3D 打印。

　　3D 打印是指利用粉末状金属或塑料等可粘合材料,通过逐层打印的方式来构造物体的技术,它能够将数字 3D 模型打印为实体,可以打印出一个简单的立体形状,也可以是复杂的模型;可以是单个的模块,也可以是多个模组;可以小到一个小圆球,也可以大到一座房子，如图 2 - 22 所示。

图 2 - 22　3D 打印作品示例

3D 打印机是专门用于 3D 打印的机器，根据不同的用处，有不同的打印精度、打印速度、打印材料的区别。以熔融沉积式（FDM）打印机为例，打印机有一个小喷嘴，将经过高温熔化的材料（如塑料）挤压出去。小喷嘴的孔径越小，打印精度越高，控制喷嘴的一般是步进电机，能够精确地控制移动速度和距离，如图 2 - 23 所示。

图 2 - 23　3D 打印机

开始打印吧

1. Minecraft 模型的导出

如图 2 - 24 所示，利用免费开源工具 Mineways 可以将 Minecraft 中的模型截取出来并导出成 stl 或者 obj 等 3D 模型文件。

打开 Mineways，点击 File→open worlds→find your world，然后将自己世界中的 level.dat 文件导入，就可以在屏幕中看见地图了。level.dat 文件位于 Minecraft 根目录的 saves 文件夹下，如图 2 - 25 所示就打开了 mike's world 的地图。

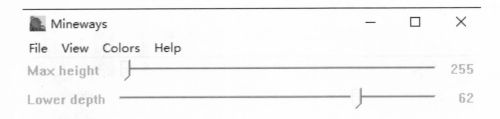

图 2 - 24　Mineways 工具

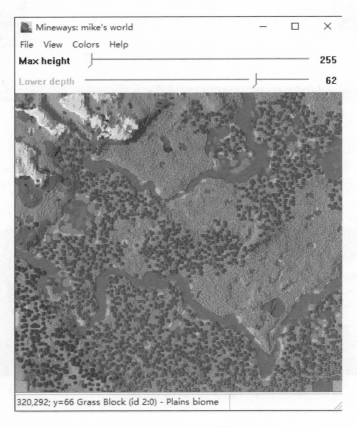

图 2 - 25　Mineways 工具使用(1)

　　如图 2 - 26 所示,打开 Mineways 之后,可以用鼠标滚轮进行放大或缩小,鼠标左键单击后拖动地图,右键单击并选定导出的范围,如图中所示被选定的范围被渲染成了粉红色。

　　接着就可以依次点击 File——export for 3D printing,选择导出的格式、参数、文件存放位置,就可以导出来了! 如图 2 - 27 所示,我们导出来了一个 baota.stl 的文件。

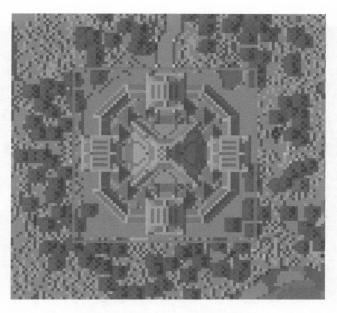

图 2 - 26　Mineways 工具使用(2)

图 2 - 27　导出模型

　　然后用一些 3D 建模软件打开 stl 文件,如图 2 - 28 所示,用 Windows 10 自带的 3D builder 软件打开。

　　我们还可以做简单的视角切换、编辑、渲染,就可以保存并放到 3D 打印机器上打印了,也可以传输给远程的 3D 打印服务商。

收　获

　　(1) Minecraft 中的 3D 模型和 3D builder 中的 3D 模型有什么区别和联系?

　　(2) 3D 打印有哪些优势? 你觉得可以应用到哪些地方? 如果你拥有一台 3D 打印机,你最想打印出什么?

小技巧

　　如图 2 - 29 所示,3D builder 可以对 3D 模型进行简单的处理和修剪。例如选中图中这个模型,可以利用"←→"上下左右前后地进行拖动。

　　点击模型,就可以进行编辑了,如图 2 - 30 所示。

图 2－28　打开 3D 文件

图 2－29　简单 3D 模型编辑

图 2 - 30　编辑选单

2.4　让 Steve 走进现实

Steve 多么勤劳啊，他在自己的 3D 世界中学会了种地、采矿、盖房子、制作食物，等等。你想不想看看 Steve 是什么样子呢？让我们跟 Steve 做朋友吧，利用 3D 设计软件和 3D 打印机将他带到现实中。

学习目标

（1）学会 3D builder 的简单操作，理解基本的立体图形。

（2）通过设计制作简单的立体图形进行组合拼接，自主设计 Steve 人物形象。

（3）培养对于 3D 设计的兴趣，创作分享的乐趣。

跟我学

Part1：Minecraft 中的 Steve

Steve 的房子变得如此好看，而且我们可以利用 3D 打印机将它打印出来，然而勤劳的 Steve 在我们打印的时候去了哪里？他消失了吗？他是一个虚拟的角色，存在于 Minecraft 的世界中，那么怎样才能将他带到现实生活中来呢？我们首先给他换个帅气的装束，然后再利用 3D 设计软件设计出来吧！

如图 2 - 31 所示，我们在创造模式下快速给 Steve 换装，然后看看他的正面帅气的照片！黄金装甲，还有一个全金属武装的架子。

Part2：3D 设计 Steve 的自我形象

我们使用 Mineways 这个简单的工具可以将 Minecraft 的所有 3D 模型导出来，

图 2 - 31　Steve 换装

只有 Steve 自己不能导出来,那怎么办呢? 简单的 3D 建模软件就可以帮你完成了!

以微软 Windows 10 系统自带的简易 3D 建模软件 3D builder 为例,我们来学习
3D 建模吧。

1. 学会导入并认识基本的立体图形

打开 3D builder 软件,它的库文件中包含了很多简单的 3D 模型,如图 2 - 32 所
示,有简单的正方体、圆柱体、三棱锥、圆锥、球,等等。

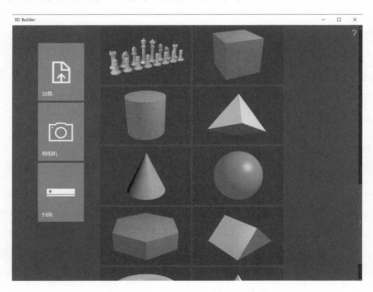

图 2 - 32　3D builder 简单立体图形

如图 2 - 33 所示，我们导入一个正方体，界面上就出现了工作区。右上角是功能操作，左上角是选择对象。导入立体图形后，我们就可以利用鼠标滚轮放大、缩小，左击拖动、右击旋转了。

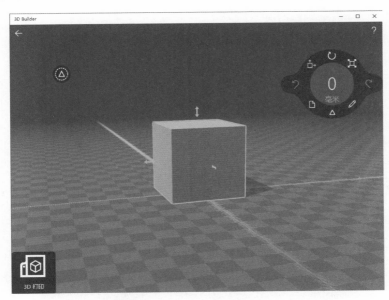

图 2 - 33　导入正方体

2. 基本操作

如图 2 - 34 所示，右上角的图标分别是移动、旋转、缩放。图标绿色，代表目前所选中的模式。

图 2 - 34　操作面板

移动:当我们选择图中的移动模式时,正方体就有了前后、左右、上下三个放下的箭头,左键点击就可以拖着移动了。

旋转:如图 2－35 所示,旋转模式中物体周边就像被三个圆圈包围,拖动分别可以进行上下旋转、左右旋转、前后旋转。

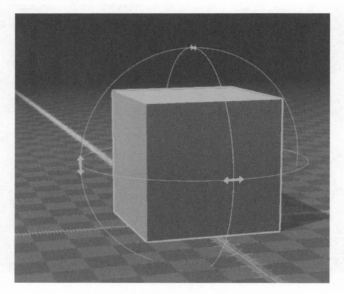

图 2－35　旋转模式

缩放:缩放模式下拖动鼠标,物体会放大和缩小,需要注意的是按照比例缩放。如图 2－36 中的红框标注代表按照原有物体比例缩放,正方体缩放后依然是正方体。如果取消锁定,那么就不是按照比例缩放,可以挤压成一个小方片,也可以拉伸成一个长方体柱子。

图 2－36　锁定比例

如图 2-37 所示,解除比例锁定,并将正方体拉伸成一个柱子,当然我们也可以直接输入长方体的高度值。

图 2-37　解除锁定

3. 多对象的组合

每一个立体图形在 3D builder 中是一个对象,如图 2-38 所示,我们选择文件→添加模型(快捷键 Ctrl+L),就可以导入另外的图形了。如图 2-39 所示,我们创建了 Steve 的正方体头部,想要给他设计眼睛和嘴巴,就需要导入额外的球和正方体了。

图 2-38　导入模型

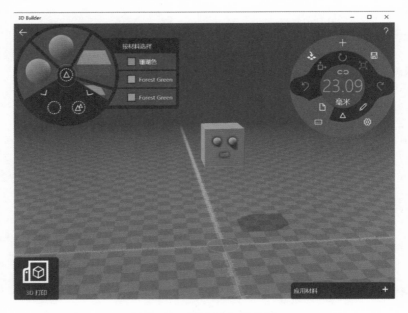

图 2 - 39　绘制 Steve 的头部

这个头部由正方体＋2 个球(2 只眼睛)＋长方体(嘴巴),一共 4 个对象构成,如我们要单独对它们进行操作就需要选择对象,图 2 - 39 左上角区域就可以进行选择,3D builder 提供了所有对象以及全部选中按钮,当你不需要时可以将这个区域隐藏起来。

试一试：

(1) 导入一个三棱锥和四棱锥,旋转一下,你发现这个立体图形有什么特点?

(2) 用四棱锥＋正方体组合成一个小房子,用圆锥＋圆柱组合成一个小灯塔。

开始设计吧

(1) 开始规划:

对于 Steve 的身体部位,你会用哪些基本的立体图形搭建和组合?请填写在表 2 - 2 中。

表 2 - 2　3D 设计规划

Steve 的身体部位	基本立体图形和数量	备　注

（2）进入 3D bilder 设计。

（3）导出并打印出来：

① 如图 2 - 40 所示，可以直接在界面的左下角选择打印上传到网络让其他人（3D 打印提供商）给你打印，也可以利用身边的打印机。

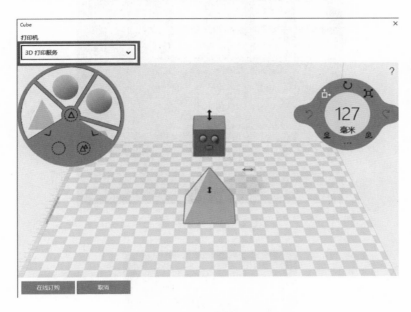

图 2 - 40　发送到 3D 打印

② 将作品保存（Ctrl＋S）成 stl 或者 obj 格式的 3D 文件，用 3D 打印机打印。

收　获

（1）你认识了哪些基本的立体几何图形？它们有什么特点？

（2）3D 图形设计和平面的画图有哪些相同点和不同点？

小技巧

3D builder 的高级操作，即给对象赋予材料：

如图 2 - 41 所示，选中某个对象，左上角点击编辑，右下角选择应用材料。

如图 2 - 42 所示，想要让 Steve 的眼睛变成黑色，选择颜色→添加→应用就可以了。

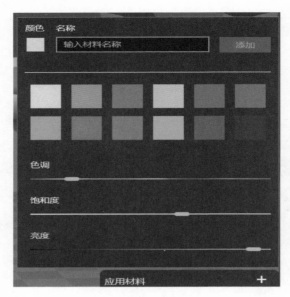

图 2 - 41　编辑材质

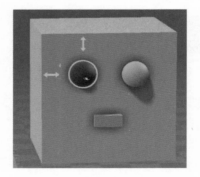

图 2 - 42　黑眼睛

第 **3** 章

电路与智能世界

Steve 是 Minecraft 中最劳累的人,看他每天搭建、维护自己的家园,每天播种、种植、收割农作物……Steve 真的很累,有没有节省劳力的方法呢? 让 Minecraft 这个世界智能起来,一起学习红石电路的秘密,实现智能化的装置吧。

3.1 智能时代:自动触发

Steve 的房子很舒适温馨,但是还有一些地方不尽如人意:木质门所有人都可以打开不够安全,火把照明不够环保而且还会影响 Steve 的睡眠,等等。如何让他的房子智能起来呢? Minecraft 游戏提供了多种选择方案,快点来探索吧!

学习目标

(1) 认识红石电路,理解信号传递。

(2) 通过简单的自动化控制装置搭建,完善 Steve 的小房子,使其智能化。

(3) 培养对数字电路的兴趣,将装置表达成语言逻辑程序。

跟我学

Part1:自动触发

Minecraft 中有很多可以运动的方块,鼠标右击就可以实现开和关的切换,例如开木门和关木门、打开和关闭栅栏等;但是有很多物品我们并不能直接打开,如图 3-1 所示的铁门。

那么如何实现正常的开关呢? 我们需要借助按钮、拉杆等工具,将一个拉杆放置在铁门旁边的方块上,如图 3-2 所示,拉下拉杆,铁门就被打开了。

拉杆在整个过程中的作用就是传递了"开门"这个信号,将整个过程表达成语言逻辑就是,如果拉杆被拉下那么发送开门信号,当铁门接收到开门信号,就会打开,否则不发送开门信号,铁门保持关闭,如图 3-3 所示。

Part2:红石电路与充能

利用拉杆可以发射信号,但是如果我们需要远距离作业怎么办呢? 红石电路就

图 3 - 1　铁　门

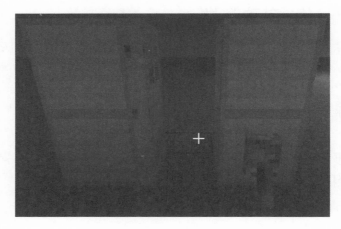

图 3 - 2　拉杆控制铁门

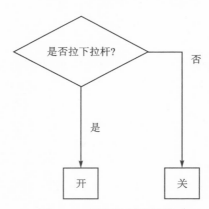

图 3 - 3　拉杆控制的逻辑

要派上用场了。

（1）观察红石电路，如图 3 - 4 所示，红石粉末连接成了一条线路，当拉下拉杆时，电路就被"充能"，也就开始传递信号了，可以看到下面的电路，距离拉杆越近的物品充能越充分，线也就越红。这样信号就伴随着充能被传递了。

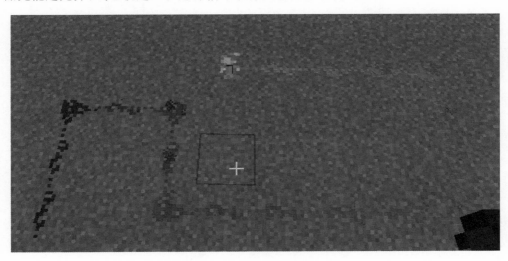

图 3 - 4　红石充能和信号传递

（2）拉杆与红石火把都可以对红石电路充能，但是当已经充能的红石电路的信号传递给红石火把的时候，火把会熄灭。如图 3 - 5、图 3 - 6 所示，当左边的火把亮起来的时候，右边的红石火把反而熄灭（被反充能）了，左边的红石火把消失，右边的红石火把就亮起来了。注意右边的红石火把需要安放在一个非透明的方块上。

图 3 - 5　反向充能（1）

图 3 - 6　反向充能（2）

Part3：阳光传感器

Steve 是个懒虫，每次晚上计划好第二天早上看日出，结果第二天早晨起床困难，怎么办呢？阳光传感器可以告知他起床时间到了。

如图 3 - 7 所示，当太阳升起时，阳光传感器就可以给红石电路充能、传递信号了。

图 3 - 7　阳光传感器

Part4：压力板

即使我们可以利用拉杆将铁门开、关，但是 Steve 还是嫌太麻烦！有没有一种方法可以自动感应到 Steve 回到了家门口呢？压力板就可以帮忙了，它可以识别到上方是否有物品踩着它。如图 3 - 8 所示，当 Steve 走到家门口踏上压力板时，铁门就开了。

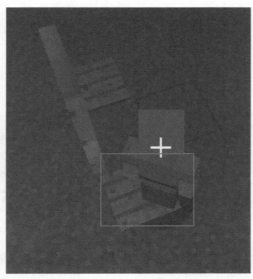

图 3 - 8　压力板感应

开始智能生活吧

（1）普通火把虽然照明效率高，但是不环保而且想要关闭的时候不能远程控制，只能将它们打掉。怎么办呢？利用拉杆对红石火把进行反充能吧！

请绘制出如图 3－9 所示的结构的语言逻辑(可参考图 3－3)。

图 3－9　红石火把

（2）你的房间中哪些东西需要实现智能化、自动化？如何实现呢？请列出一个清单，填写在表 3－1 中。

表 3－1　智能化清单

物　品	需要哪些功能	如何实现

（3）开始制作吧。

收　获

（1）自动控制会带来哪些好处？

（2）写出语言逻辑遇到了哪些困难？

小技巧

活塞与粘性活塞。

Minecraft 可以用活塞来实现方块的移动，活塞弹起弹出上方的方块，不同的是普通活塞只能弹起弹出，不能收缩拉回，但粘性活塞可以！如图 3－10 所示，两个活塞将方块弹起；但是如图 3－11 所示，只有左边的粘性活塞才能将方块拉回。

Minecraft: 游戏中的创客

56

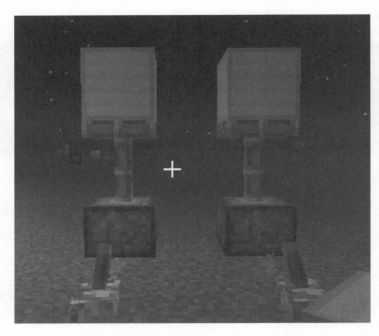

图 3 - 10　活塞驱动(1)

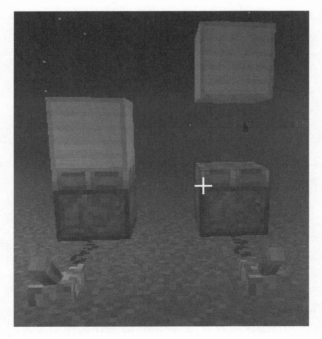

图 3 - 11　活塞驱动(2)

3.2　农场的变革：自动收割

Steve 最喜欢吃面包，所以他种植了好多好多小麦，可是小麦一天天成熟，一大片的小麦等待收割，他突然很怀念有收割机的日子，可是 Minecraft 的世界并没有，不过没关系，咱们还有其他的自动收割方法！

学习目标

（1）理解流水对植物的冲击作用，学会活塞的使用。

（2）通过简设计并搭建自动收割农场，实验智能化的农场作业。

（3）通过对红石自动化产生的学习，对智能农业产生兴趣。

跟我学

Part1：水流的作用

水是植物生长的必要元素之一，Minecraft 中种植在水边的小麦成熟更快，而且有些植物，例如甘蔗，就只有在水边才能种植。如图 3 - 12 所示，水流促进了小麦的生长。

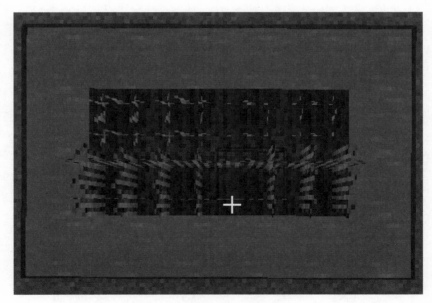

图 3 - 12　水流与农田

然而，水能载舟亦能覆舟，当水流经过麦田的时候就会直接冲起小麦种子，也会将成熟的小麦一并冲起来，因此利用这样的原理，我们可以试想，如果小麦成熟后我们放水冲刷，等小麦完全被收割后我们关闭出水口，那么这样一个自动收割农场就做成了！

Part2：出水口的设计

活塞可以将方块推动，打开阀门放水；接着用对面的一个活塞将方块推回，阀门关上。如图 3 - 13 所示，推动左边活塞放水，推动右边阀门停止放水。

图 3 - 13　出水口的设计

Part3：水流的长度

一桶水可以覆盖多长的距离呢？如图 3 - 14 所示，让我们来做一个实验。挖一个十字形的水槽，将一桶水倒在正中间。看一看水流在四个方向的长度，数一数水流可以蔓延多长！

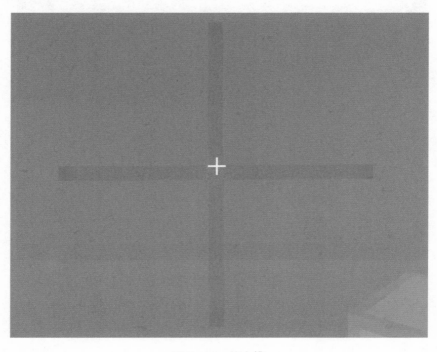

图 3 - 14　挖水槽

开始自动收割农场设计吧

设计：

（1）请在如下方框中绘制你们农场的平面图，并估算一共需要多少砖块。

（2）另外，请设计你们的红石电路图。"----"表示红石线，▢表示砖块，📍表示红石火炬，⬒表示拉杆。请绘制在如下方框中。

（3）搭建。

（4）优化。怎么让小麦尽快成熟？你们放水收割小麦的时候是否有空地没有被收割到？

收　获

（1）你的红石电路合理吗？还可以优化吗？

（2）如何用一个拉杆控制多个红石电路？

小技巧

脉冲电路的搭建：

我们现在搭建的红石电路都是一次性的，拉杆拉下红石电路要么永远亮着，要么永远不亮，这样的信号传递只有一次。

如图 3 - 15 所示，发射器中装有箭，但是一次只能发出一支箭！

图 3 - 15　发射弓箭

那么如何实现连续发射呢？我们需要利用脉冲电路，就像我们的脉搏一样，跳一下，停一下。在 Minecraft 中可以实现红石线"红—黑—红—黑"交替变化，搭建如图 3 - 16所示的倒"品"字形结构，将两个红石火把放置在下面方块的两侧，中间的红石线就会实现交替变化。

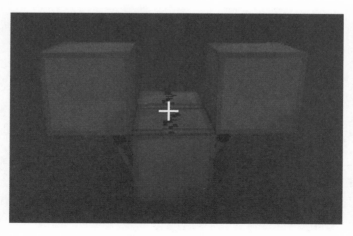

图 3 - 16　脉冲电路

这样就构成一个简单的脉冲电路，中间红石传递的信号就是时断时续的脉冲信号。

3.3　安全的家：二进制密码门

Steve 存了好多宝贝在家里，他每次外出的时候总是害怕有小偷会入室行窃，即使他学会了利用铁门，但是按一下开关门一样会打开。怎么办呢？他想起了密码锁，决定设计一个长长的密码，让其他人进不去房间。

学习目标

（1）认识并理解"与"、"非"门的逻辑。

（2）通过红石电路密码门的设计，理解二进制的表示方法，理解二进制表示数的含义。

（3）进一步学习红石电路，对智能化控制产生兴趣。

跟我学

Part1："非"门电路的认识与红石搭建

常见的红石电路，拉杆拉下红石亮起，铁门打开。我们用数字 1 表示拉杆拉下，用数字 0 表示拉杆未拉下。如图 3-17 所示，1→开门，0→关门。

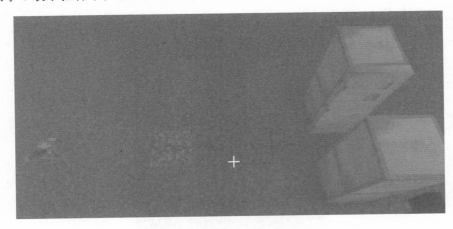

图 3-17　0、1 控制

非门电路和图 3-17 所示的电路相反，1→关门；0→开门。如何实现呢？我们需要用到红石火炬的反向充能，当红石火炬被反方向充能的时候，它将会熄灭，如图 3-18 所示，当左边的红石电路给火炬充能后，火炬就会从点亮状态变成熄灭状态，这就形成了一个"非"门电路。

Part2："与"门电路

当有了多个拉杆同时控制一个铁门的时候，就形成了"与"门电路，例如我们想要实现左边拉杆拉下，右边拉杆不被拉下，这时铁门才会打开。

我们首先搭建一个正常电路和一个"与"门电路。

Minecraft：游戏中的创客

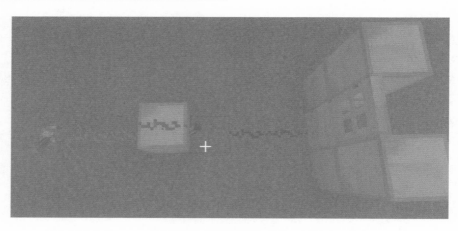

图 3 - 18 "非"门电路

接着将两个电路同时接上另一个红石火炬后连上铁门，这样两个正常电路和一个"非"门电路就构成了一个"与"门电路，我们同样用 1 表示拉下拉杆，0 表示不拉拉杆。这时候，10 就成了这个铁门的密码！01、00、11 这三组数字都不能将铁门打开，最终结构如图 3 - 19 所示。

图 3 - 19 "与"门电路

62

Part3：认识二进制

像这样 1 和 0 两个数字组合而成的数字就称为二进制，和十进制（用 0～9 十个数字）表述的数字类似，也是从右到左开始计数，不同的是十进制逢 10 进一位，二进制逢 2 进一位，例如 198 这个数字中 8 代表 8×1，9 代表 9×10，1 代表 1×10×10。而二进制数中不会出现 2～9 这些数字，例如二进制 1011 各个数字代表 1×1，1×2，0×2×2，1×2×2×2，所以这个二进制的数字合为 1＋2＋0＋8＝11。

计算 1：二进制数 11101 等于多少？

计算 2：比较二进制数 10001 和十进制数 19 的大小。

开始密码门设计吧

设计：

（1）我们需要设计一个至少三位数的二进制密码门，请在如下方框中绘制你的平面图，并估算你一共需要多少砖块。

（2）另外，请设计你们的红石电路图。"----"表示红石线，▢表示砖块，▮表示红石火炬，▬表示拉杆。请绘制在如下方框中。

（3）搭建。

（4）优化。这些红石电路可以简化吗？可以不裸露在地表吗？可以将房子设计得更加合理吗？请优化一下。

收　获

（1）一个三位数的二进制密码门，最多需要尝试几次才能打开？

（2）每次增加一个数位，密码门的复杂程度增加了多少倍？

小技巧

"或"门的认识。

除了"非"门、"与"门以外，还有一种简单的门——"或"门，它指的是两个拉杆同时控制一个铁门，两者只要有一个拉下，那么门都会打开；只有两者都不被拉下的时候，铁门才会关上。

如图 3-20 所示，Steve 既可以从左边开门，又可以从右边开门！

图 3-20　"或"门电路

3.4　红石电梯：工程的艺术

Steve 是一个大懒虫，最讨厌的事情就是爬楼梯。Minecraft 中是否可以给他搭建一个红石电梯呢？让我们来试试吧。

学习目标

（1）认识活塞的机械传动。

（2）通过红石电梯的设计搭建来接触递归算法。

（3）培养对复杂自动化结构的兴趣及工程设计的兴趣。

跟我学

Part1：活塞传动

Minecraft 中有两种活塞：普通活塞和粘性活塞。当一个普通活塞的侧面连接一个粘性活塞时，就形成了一个简单的传动；此时如果上方是一个平台，那么平台就会被抬高一格；当左边的拉杆拉下，活塞向右移动一格，接着拉下右边的拉杆活塞就可以推动方块向上移动一格了，如图 3 - 21 所示。

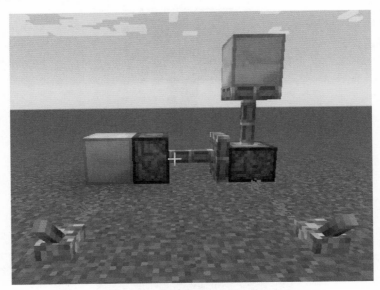

图 3 - 21　活塞传动

如图 3 - 22 所示，我们也可以在两条线路之间添加一个红石中继器，这样用一个拉杆就可以控制整个过程了。

Part2：红石传动——第一个楼层

如果被运送的是一个普通的方块，电梯想要接着运动比较难；但是如果活塞运送的是一块红石，那就可以给第二层的活塞传递红石信号了。然后，如图 3 - 23 所示，红石将活塞推了起来。

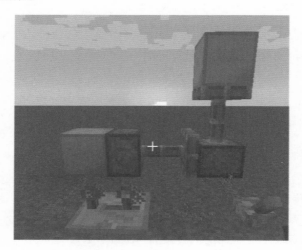

图 3 - 22　红石中继器与活塞

图 3 - 23　红石方块驱动活塞

如图 3-24、图 3-25 所示,橙色方块是人站的平台,我们将粘性活塞和普通活塞摆成左＋上的结构,当信号传递到中间的红石线的时候,最上方的一层黑曜石是不能被活塞推动的结构。然后就剩下左边的粘性活塞将普通活塞推出,接着因为最右边的红石线也被充能,所以红石块就被普通活塞给推上去了。

图 3-24　红石驱动(1)

图 3-25　红石驱动(2)

当你搭建完第一层后,就可以按照同样的方法搭建第二层、第三层,如图 3-26所示。

Part3：递归

递归是一种常用的计算方法,它表示不断地重复使用一种方法,比如电梯任务中每一层的结构都一样,不一样的是红石块被依次往上推直到到达最顶端,这个过程就

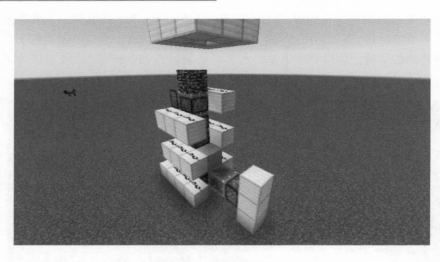

图 3 - 26　多层搭建

结束了。所以搭建每一层的方法被不断地重复使用直到到达顶峰,红石块也一样不断地给底下一层充能,然后被推动到上一层,逻辑如图 3 - 27 所示。

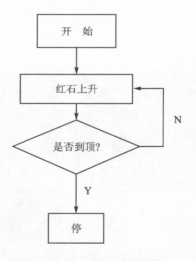

图 3 - 27　红石电梯的逻辑

开始电梯的设计吧

设计:

(1) 我们需要设计一个五层的电梯,请在如下方框中绘制每一层的结构图,并估算整个电梯一共需要多少砖块。

（2）另外，请设计你每一层的红石电路图。"----"表示红石线，▢表示砖块，🕯表示红石火炬，⊥表示拉杆，●表示按钮，▇表示红石块，▇表示活塞。请绘制在如下方框中。

（3）搭建。

（4）优化。这些红石电路可以简化吗？如何更优化地使用？

收　获

（1）"跟我学"部分的红石方块有什么作用？

（2）为什么"跟我学"部分要在电梯最顶端放置一个黑曜石呢？

小技巧

水电梯。

在 Minecraft 游戏中我们可以巧妙地利用浮力,如图 3 - 28 所示,每隔一个方块放置一桶水。Steve 只需要轻轻地跳跃一下就可以进入到上一层建筑。墙壁上的公示板既可以显示楼层,也可以挡住上层的水。

图 3 - 28　水电梯

第 **4** 章

Minecraft 创新实践

Hey，恭喜大家掌握了红石电路的基本使用方法，其实 Minecraft 还有很多炫酷的玩法。在这一章里，我们会尝试多人联机合作搭建、制作刷怪神塔，自动杀死僵尸和怪物；制作一个过山车；参加"编程一小时"活动，利用 Minecraft 学习炫酷的程序设计……

4.1　fighting！刷怪神塔

Steve 发现 Minecraft 中有一些坏人，他们大多数专挑晚上出来做坏事，比如闯进村庄杀死软弱的村民。哼！Steve 这次可要为民除害，来搭建一个专门坑坏人的刷怪神塔吧！

学习目标

（1）理解游戏中高度和水流的作用。

（2）能够自主设计并搭建一个刷怪塔。

（3）感受虚拟搭建工程的乐趣。

跟我学

Part1：Minecraft 高度的作用

Minecraft 这个虚拟的世界是有高度的，例如在创造模式下我们连按两下空格键之后接着按住空格键不放，让 Steve 一直飞上去，如图 4-1 所示，我们就可以看见地面上的物体越来越小，当飞到更高的天空后就能够看见白色的云朵。

从这么高的地方摔下来可就惨了，所以我们可以利用简单的高度原理来搭建一个刷怪塔。如图 4-2 所示，我们将一个僵尸放置在一个石柱上面，只要他掉到路面就会被摔死！这根石柱需要多高呢？请你搭建一个石柱，测试一下能使僵尸摔死的高度是多少吧。

Part2：水流的力量

既然僵尸从高处掉落下来可能会被摔死，那么谁来推僵尸一把呢？此时，水流的作用就出现了，我们已经知道在 Minecraft 中一桶水最多可以流淌到 9 格远的地方，所以搭建一个 9 格的水槽放在方块柱子旁边，让水流推着僵尸下去吧！

图 4 - 1　飞行的 Steve

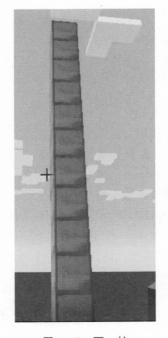

图 4 - 2　石　柱

如图 4 - 3 所示,此时如果僵尸被放入水槽中,就会被水流推动着摔到地面。

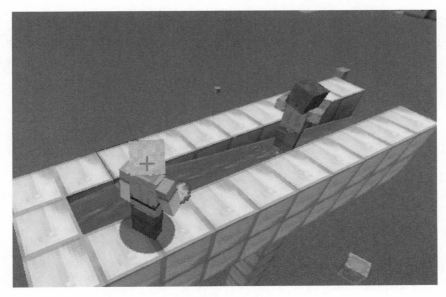

图 4 - 3　水槽的作用

Part3:发射器+怪物,自动刷怪

如图 4 - 4 所示,在水槽顶端放置一个发射器(出口和水槽的出口方向一致),旁边放置一个按钮,只需要按一下就会出来一个怪物。

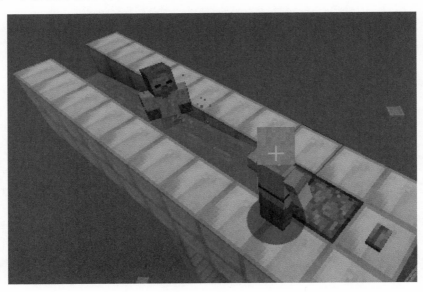

图 4 - 4　自动发射

开始设计吧

设计：

（1）我们需要设计一个顶部有四个水槽长度的刷怪塔，请在下面的方框中绘制它的俯视图，并估算整个塔一共需要多少砖块。

（2）另外，请设计自动刷怪部分的红石电路图。"----"表示红石线，▢表示砖块，🚩表示红石火炬，⊥表示拉杆，●表示按钮，■表示红石块，▮表示活塞。请绘制在如下方框中。

（3）搭建。

（4）优化。

① 这些怪物死掉之后我们获得了掉落的物品，但是我们没有获得经验，怎么办？

② 除了用"高度"将怪物摔死以外，还有其他方法可以将其置于死地吗？

收　获

（1）如何尽快确定正好能够摔死怪物的高度？

（2）发射器还有哪些作用？

小技巧

（1）Steve 想要快速搭建一个塔，只需要在按住空格后的一瞬间，当他跳起来时，按下鼠标右键，这样就可以在原地放置一个方块了。

（2）除了摔死怪物以外，还可以尝试用其他方式将其置于死地，例如让怪物掉入岩浆池子、被弓箭射击，等等。

4.2　多人协作迷宫大挑战

Steve 最爱的游戏就是迷宫探险，可是在自己搭建的迷宫中走来走去太没意思了。来一个多人联机相互设计迷宫，然后相互探险的小游戏吧。

学习目标

（1）初步接触局域网，并能相互联机。

（2）通过对迷宫游戏的设计、计算、搭建、体验，学习游戏创作。

（3）感受合作、共享、竞争、共同进步的乐趣。

跟我学

Part1：Minecraft 中的多人联机

Minecraft 这款游戏还支持多人同时在一个世界中游戏，如果我们的计算机在同一个局域网，就可以轻松实现联机。如图 4-5 所示，在单人模式下进入游戏后点击对局域网开放；如图 4-6 所示，另一个玩家就可以选择在多人模式下加入这个世界。名为 131 的玩家进入了 Steve 的游戏世界，他俩正准备相互给对方搭建一个迷宫呢！

图 4-5　对局域网开放

图 4-6　多人模式

Part2：制定游戏规则

（1）每个人选择一种方块，搭建一个 2 格高度的迷宫。

（2）搭建过程中可以选择飞行模式（连续按住空格，让自己悬停在天空中），但是在迷宫探险的过程中，禁止飞行。

（3）除上述规则外，还有哪些规则呢？你们自己制定吧，例如胜利条件、奖惩措施，等等。请将新增的规则填进以下方框内。

我们还需要这些规则：

我们同意并遵守这些规则，签名：＿＿＿＿＿＿＿＿＿＿＿＿＿＿

开始游戏吧

1. 迷宫填涂

请将你设计的路线填涂在图 4-7 中，填涂代表需要搭建方块的地方。

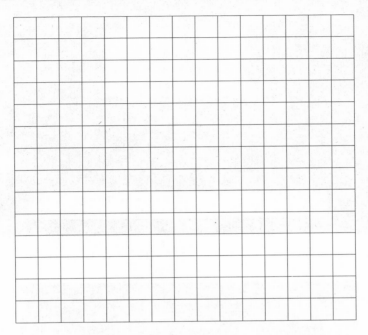

图 4-7　迷宫设计

2. 计　算

（1）你设计的迷宫总共占地面积为多少个方格？一共需要多少个方块？

（2）估算一下有多少条路径是可以走出迷宫的，如果用 5 颗星星来表示难易程度的话，你觉得你的这个迷宫是几星级的？

3. 开始搭建吧

思考如何设置障碍，如何快速通过迷宫。

收　获

（1）你是怎么设置迷宫、迷惑对手的？什么样的结构更容易让对手迷失方向？

（2）如何记忆自己走过的路线，并辨别方位和路径，避免自己迷失方向？

小技巧

（1）如图 4-8 所示，可以在迷宫入口处设置一个木质门，这样同伴就可以从这里进入；或者如图 4-9 所示，树立一个路牌，标注 ENTRANCE，ENTRANCE，ENTRANCE。

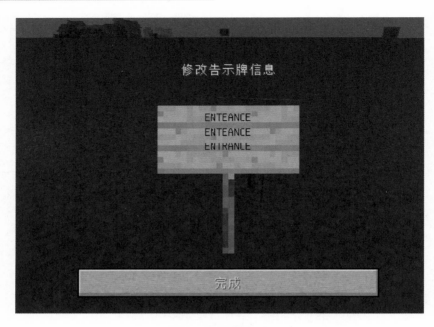

图 4 - 8　设置入口

图 4 - 9　放置入口指引

（2）如图 4 - 10 所示，我们可以在出口处设置铁门（铁门不能直接打开），然后在迷宫内壁放置一个按钮作为开关，游戏者找到出口就可以去开门了。当然，如果你想设置几个虚假出口也可以用这种方法，只不过需要将按钮放置在迷宫外壁。

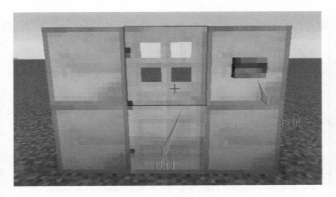

图 4 - 10　放置铁门

4.3　过山车的设计与体验

Steve 最喜欢去的地方就是游乐场了,他尤其喜欢惊险刺激的过山车。其实,利用 Minecraft 中的矿车、铁轨、红石等就可以做一个 Minecraft 版本的过山车了。

学习目标

（1）认识 Minecraft 中的铁轨、矿车等物品块。

（2）能够合作设计并搭建、测试过山车。

（3）享受合作搭建的乐趣、造物与分享的乐趣。

跟我学

Part1：Minecraft 中常用交通工具的认识

进入游戏,选择创造模式,按下键盘上的 E 键,出现了物品栏,如图 4 - 11 所示,第四栏就是交通工具。

交通工具 1：船

我们可以用木板造船,也可以在交通工具中直接选择船,或者"give static boat"作弊代码获得船,有了船,Steve 就可以到水面上移动了。

交通工具 2：驯马和骑马

找到一匹马,或者在创造模式下直接获得。

（1）驯马：

如图 4 - 12 所示,空手对着马匹右击鼠标,就可以上马。但是,马匹并不是第一次就会被驯服,我们可能会被马匹抖落下来几次。可以接着右击鼠标,直到马匹出现红色爱心代码,表示马匹被驯服。

（2）装饰：

如图 4 - 13 所示,驯服马匹后,选择马鞍和铁马铠,对马进行装饰。如图 4 - 14 所示,装饰完成后的马匹多么的神气。

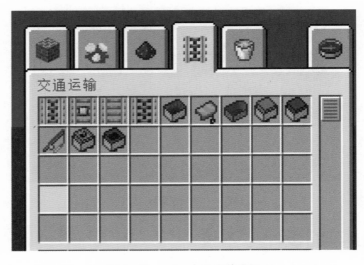

图 4-11　minecraft 中的交通

图 4-12　驯　马

马

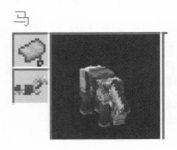

图 4-13　装饰马匹

图 4 - 14　装饰后的马匹

接着，咱们就可以上马尽情驰骋了。

Part2：运动的轨道，落点的评估

将普通矿车放置在轨道上，对着矿车右击鼠标，Steve 就坐上了矿车，那么我们该选择哪种矿车和铁轨呢？

1. 探究铁轨的功能

例如：普通铁轨＋普通矿车，此时 Steve 可以坐上矿车，但是铁轨不提供动力，只能自己用 W 和 S 键控制矿车在轨道上运动，类似于小孩子玩的学步车。

还有动力铁轨、激活铁轨、探测铁轨，运输矿车、动力矿车，等等，它们都各有什么功能呢？大家自己尝试吧！

2. 落点的评估

过山车最刺激的就是从高空滑下来的时候，当然我们也可以让 Steve 的矿车直接从高空中坠落到地面，只需要坠落到铁轨上就又可以接着坐着矿车去旅行了。

如图 4 - 15 所示，Steve 可以从右上角红石台面上乘坐矿车正好落在左下角的铁轨上。

图 4 - 15　矿车坠落

开始游戏吧

1. 设　计

选择合适的铁轨、矿车、石块等，请做好设计，填写表 4 - 1。

表 4 - 1　过山车设计

预计的材料	数　量
红石	
普通铁轨	
矿车	

算一算：大约你会搭建一个多少高度的过山车？

2. 开始搭建

搭建一个能够循环的过山车，利用按钮一次启动后自动运行到终点，如图 4 - 16 所示。

收　获

（1）四种铁轨的区别是什么？需要如何配合使用？

（2）在乘坐过山车的过程中，行驶到哪些位置的时候矿车速度快？是什么原因造成的？

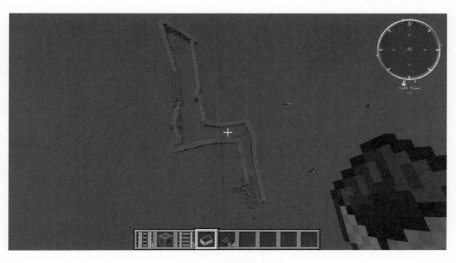

图 4 - 16　过山车设计

小技巧

（1）如图 4 - 17 所示，可以借助平地上的村庄来进行搭建。

图 4 - 17　借助村庄搭建

（2）可以尝试下载并安装重力环境的 mod，这样下落会更加真实。

4.4　Minecraft 程序设计——Code.org

其实，Steve 的世界不仅仅存在于 Minecraft 中，在全球性活动"编程一小时"中，他也是主角。快进入 Code.org，加入"编程一小时"的活动吧。

学习目标

（1）知道程序的概念，认识 Code.org 图形化编程界面。

（2）通过 Code.org 平台的编程游戏，了解顺序结构、循环结构的用法。

（3）体会程序编写的乐趣，培养程序逻辑。

跟我学

Part1：认识编程，认识 Code.org

编程并不仅仅只能让程序员编写程序枯燥难懂的程序代码，它还可以像搭建积木一样那么有趣生动。如图 4 - 18 所示的程序，就能让 Steve 向前移动两步，然后去摧毁方块。

图 4 - 18　程序示例

Code.org 是一个旨在推广计算机编程的公益组织，它每年会举办"编程一小时"的活动，参与者通过图形化语言程序的拼搭，体验编写程序的乐趣。

Part2：Code.org 的编程界面

在浏览器中输入网址 https：//code.org/mc 后，点击"现在就试试"正式进入编程页面，如图 4 - 19 所示，我们需要将方块拖入到工作区，然后点击运行以完成 Steve 的任务。

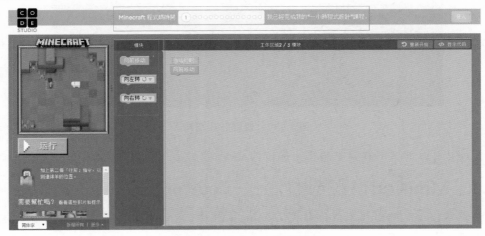

图 4 - 19　Code.org 编程界面

Code.org 中的程序块是一个一个的积木，程序的起点是橙色的"当运行时"，中间块是有凸起和凹下的小方块，一个个的方块契合就编写好了程序，点击运行就可以看到运行的结果，它会在地图中去完成任务。

Part3：认识顺序结构和循环结构

顺序结构是指每一个程序积木按照次序从上往下排列，如图 4-20 所示，程序中 Steve 向前走两步，然后剪掉羊毛，接着右转弯后向前走一步，然后剪掉羊毛。

图 4-20　顺序结构

但是这种顺序型结构会带来一些重复性劳动，就像我们在搭建红石电梯的时候每一层其实都是一样的。如图 4-21 中的程序，"放下桦木板"、"向前移动"这两句重复了 4 次，导致整段程序长达 9 句！

为了避免重复劳动，我们可以使用重复执行语句将"放下桦木板"、"向前移动"包围起来，如图 4-22 所示，这样大大简短了程序的长度（9→4）。

其实在重复执行语句中间还可以嵌套另一个重复执行语句，如图 4-23 所示，程序就在画布中搭建了一个正方形，它有 4 条边，所以最外面重复执行 4 次，每一条边又有 3 格，所以中间嵌套了另一个，重复执行 3 次。

开始游戏吧

1. 学会写程序

将 https://code.org/mc 中的 20 个案例编写完整。

图 4 – 21　冗余的顺序结构

图 4 – 22　循环结构

2. 学会读程序

用自己的话描述如图 4 – 24 所示的这段程序的意思。

图 4 – 23　循环的嵌套

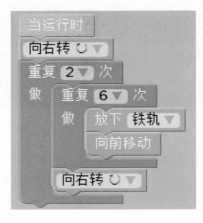

图 4 – 24　读程序

收　获

（1）你觉得程序设计难吗？20 个关卡可完成多少个？

（2）引入循环结构后，对于编写程序来说有哪些好处？

小技巧

如图 4 – 25 所示，我们可以显示代码。在工作框的右上角有显示代码选项，我们可以了解到实现同样的功能程序，设计师是如何来编写程序的。

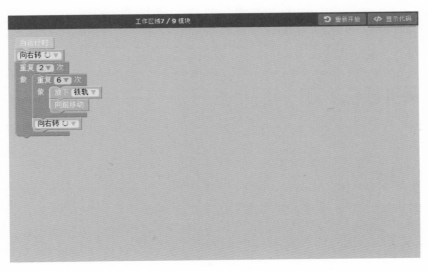

图 4 - 25　显示代码

如图 4 - 26 所示，程序设计师通过 JavaScript 这种计算机语言来编写上述的程序。

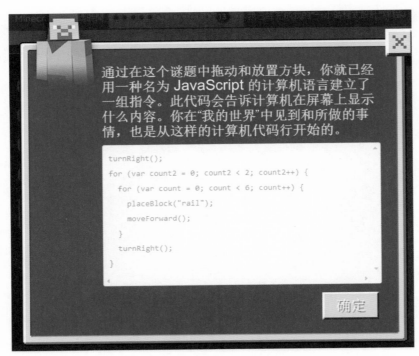

通过在这个谜题中拖动和放置方块，你就已经用一种名为 JavaScript 的计算机语言建立了一组指令。此代码会告诉计算机在屏幕上显示什么内容。你在"我的世界"中见到和所做的事情，也是从这样的计算机代码行开始的。

```
turnRight();
for (var count2 = 0; count2 < 2; count2++) {
  for (var count = 0; count < 6; count++) {
    placeBlock("rail");
    moveForward();
  }
  turnRight();
}
```

确定

图 4 - 26　JavaScript 程序